Thomas Windhoevel

Unterrichtsstunde Klimafaktor Bereitenlage

GRIN Verlag

Bibliografische Information der Deutschen Nationalbibliothek:

Die Deutsche Bibliothek verzeichnet diese Publikation in der Deutschen National-
bibliografie; detaillierte bibliografische Daten sind im Internet über http://dnb.d-
nb.de/ abrufbar.

Impressum:

Copyright © 2011 GRIN Verlag, Open Publishing GmbH
Druck und Bindung: Books on Demand GmbH, Norderstedt Germany
ISBN: 978-3-656-21920-0

Dieses Buch bei GRIN:

http://www.grin.com/de/e-book/189726/unterrichtsstunde-klimafaktor-bereitenlage

1. LEHRVERSUCH IM FACH ERDKUNDE

Thema: *Klimafaktor Bereitenlage*

Tag: 15.11.2011

Beginn: 12:15

Ende: 13:00

Klasse: 6d

Studienreferendar: Thomas Windhövel

Inhalt

I. Fachwissenschaftliche Analyse

Der Begriff der Aridität und Humidität

Definiert sind die Begriffe folgendermaßen: Ein Monat ist arid, d.h. es fällt zu wenig Niederschlag im Verhältnis zur Temperatur, wenn seine Niederschlagskurve unter oder gleich der Temperaturkurve verläuft. Die Verdunstungsmenge ist größer oder gleich der Niederschlagsmenge.
Verläuft die Niederschlagskurve über der Temperaturkurve, so ist der Monat humid. Die Verdunstungsmenge ist kleiner als die Niederschlagsmenge.
(WEISCHET W., 1977, S. 151f; BACIGALUPO S., et al 2008, S. 29)

Beleuchtungsklimazonen

Die Beleuchtungsklimazonen, auch mathematische oder solare Klimazonen genannt, gehen davon aus, dass das Klima in erster Linie von unterschiedlicher Sonneneinstrahlung abhängt. Der Winkel (griech. *klima* Neigung) und damit die Intensität der Sonneneinstrahlung hängen bei in erster Linie(neben an deren Faktoren) von der geografischen Breite ab.
Die Unterteilung der Erde in Beleuchtungsklimazonen wird astronomisch an den Wende- und Polarkreisen vorgenommen. Dadurch entstehen die astronomischen Tropen bis 23° 26′ Breite, die Mittelbreiten bis 66° 34′ und die Polarzonen. Innerhalb der astronomischen Tropen steht die Sonne zweimal jährlich im Zenit, in den Polarzonen steht sie mittags zeitweise unter, an Mitternacht zeitweise über dem Horizont (Polarnacht und Polartag). Entsprechend unterschiedlich ist die eingestrahlte Energie.
Die moderne Klimatologie teilt die solaren Mittelbreiten ein weiteres Mal am 45. Breitengrad. Die Hälfte der niederen Breiten heißt Subtropen, die der hohen Breiten behält die Bezeichnung Mittelbreiten. Die Erdoberfläche ist dadurch in vier Klimazonen vom Äquator zum Pol geteilt. Zwischen ihnen unterscheidet sich die solare Einstrahlung an der Atmosphärenobergrenze.

Die Tropen zeichnen sich durch eine im jahreszeitlichen Verlauf annähernd gleichbleibendhohe Sonneneinstrahlung aus. Bei den Subtropen besteht ein deutlicher jahreszeitlicher Unterschied der Energieeinstrahlung zwischen Sommer und Winter, wobei der Einfluss der Tageslänge bestimmend ist. Die Mittelbreiten sind sehr stark von den Jahreszeiten abhängig. Vom Hochsommer und vom tiefsten Winter sind auch Frühling und Herbst klimatisch deutlich zu unterscheiden. Der Einfluss der Sonnenhöhe trägt dazu wesentlich bei. Jetzt wird oftmals noch als Übergang zwischen der gemäßigten und der polaren Zone die subpolare Zone eingeschoben. Die Polarzone ist von extremen jahreszeitlichen Unterschieden bezüglich der Schwankungen der Tageslänge gekennzeichnet. Die Sonnen- und Schattenseiten spielen jedoch nahezu keine Rolle.

(HARTL, Dr., M., et al, 2002, S.26; BACIGALUPO S., et al, 2008, S. 32;

WEISCHET W., 1977, S.26ff, 66f)

Im europäischen Gebiet liegen die suptropische, die gemäßigte und subpolare Zone.

(HARTL, Dr., M., et al 2002, S.30)

II. Didaktische Analyse

1. Einbettung des Themas in den Lehrplan

Die Schüler in der 6. Klasse sollen Europa physisch, wie politisch kennen lernen. In der konzipierten Stunde wird anhand der Klimadiagramme von Vardö (Norwegen) und Palermo (Italien) der Klimafaktor Breitenlage eingeführt.

Ausgehend vom Lehrplan für die bayerische sechsstufige Realschule ist unsere Einheit dem Oberthema „Klima und Auswirkungen des Klimas in Europa" zuzuordnen. Hierfür sind ungefähr 6 Unterrichtstunden zu veranschlagen.

(BAYERISCHES STAATSMINITERIUM FÜR UNTERRICHT UND KULTUS (Hrsg.), 2001, S. 189)

In den Vorstunden wurde die Erstellung und die Auswertung eines Klimadiagramms ausführlich wiederholt und besprochen. Auch wurde das Land- und Seeklima besprochen.

In der Vorstunde wurde die Meeresströmungen behandelt.

Nun wird unser Unterrichtseinheit der Klimafaktor Breitenlage erläutert. Ausgehend von Skandinavien in Richtung Süden wird die subpolare und die subtropische Klimazone besprochen.

In der Folgestunde wird dann der Klimafaktor Höhenlage behandelt.

2. Lernziele

Um einen möglichst großen Lerneffekt bei den Schülern zu erzielen ist es sinnvoll, sich im Vorfeld Gedanken über die eigentlichen Lernziele der Stunde machen. Durch das eindeutige formulieren von Lernzielen soll eine bessere Planung des Stundenablaufs sowie eine bessere Kontrolle des Stundenverlaufs während dem Unterrichten ermöglicht werden. Nach Mayer wird unter dem Begriff Lernziel die „sprachlich artikulierte Vorstellung über die durch Unterricht (oder andere Lehrveranstaltungen) zu bewirkende gewünschte Verhaltensänderung eines Lernenden" verstanden (KESSLER, E. u. KRÄTZSCHMAR ,C. 1993, S.80)

Stundenziel: Die Schüler können die Klimazonen in Süd-, und Nordeuropa beschreiben.

Das Stundenziel wird für die Schüler noch in Teillernziele untereilt:
1. TLZ: Die Schüler kennen die Begriffe arid und humid und können diese in einem Klimadiagramm herauslesen.
2. TLZ: Die Schüler wissen, dass das Klima an einem Ort auch von der Breitenlage abhängig ist. Die Schüler kennen den Begriff Breitenlage.
3. TLZ: Die Schüler können die nördlichen und südlichen Klimazonen in Europa beschreiben.

3. Lern- und entwicklungspsychologische Überlegungen

Die Klasse 6d besteht aus 28 Schülern. Seit September 2011 unterrichtet Frau Claassen zusammen mit mir die Klasse in Erdkunde. Das allgemeine Interesse an geografischen Sachverhalten kann als etwas über dem Durchschnitt liegend beschrieben werden. Auf die Verfügbarkeit der Vorkenntnisse aus der 5. Jahrgangstufe kann nicht immer vertraut werden. Deswegen muss in der Unterrichtstunde auch immer Zeit für Wiederholungen eingeplant werden. Die Mitarbeit und Konzentration kann als gut beschrieben werden.

Es bestehen jedoch Unterschiede hinsichtlich des Leistungsniveaus in der Klasse. Einige Schüler haben vor allem Probleme mit dem Textverständnis. Deswegen versuche ich in jeder Unterrichtsstunde ein TLZ mittels einem kurzen, aussagekräftigen Text zu erarbeiten.

Auf mich macht das Klassenklima einen guten Eindruck.

Ab und an neigt die Klasse zur Unruhe. Hier muss dann wieder auf die Verhaltensregeln hingewiesen werden.

4. Methodische Überlegungen

Rechenschaftsbericht

Abfrage über das Thema der Vorstunde: Meeresströmungen.

Einstieg

Zu Beginn der Stunde bringt der Lehrer Winterkleidung mit und Gegenstände für einen Strandbesuch. Durch den stummen Impuls sollen die Schüler merken, dass ich, je nach Urlaubsziel in Europa, verschiedene Kleidung einpacken muss. Das mündet dann in die Frage, wieso das so ist. Außerdem dient er zur Motivation der Schüler.

Erarbeitung TLZ 1

Lehrer teilt ein AB aus. Die Schüler sollen in Einzelarbeit zuerst die Städte Vardö und Palermo in ihrem Atlas suchen.

Dann sollen sie zu diesen Städten das Klimadiagramm im Erdkundebuch auf Seite 31 auswerten und vergleichen.

Die Schüler merken, dass die Temperaturen in Vardö viel niedriger sind als in Palermo und dass in den Sommermonaten in Palermo sehr wenig Niederschlag fällt.

Sicherung TLZ 1

Lehrer erklärt die Begriffe arid und humid und macht einen kleinen Tafelanschrieb.

Erarbeitung TLZ 2

2. Teil des AB (Frage 3). Die Schüler sollen die geografischen Breite von Vardö und Palermo ablesen. Außerdem sollen die Schüler die Orte einem Teil Europas zuzuordnen. Schüler stellen fest, dass Vardö sehr weit nörlich (Nordeuropa) liegt und Palermo sehr weit im Süden (Südeuropa) liegt.

Sicherung TLZ 2

Die Schülerergebnisse werden noch kurz durch einen Tafelanschrift gesichert. Das Klima an einem Ort wird auch durch die Breitenlage bestimmt. In den südlicheren Breiten treffen die Sonnenstrahlen steiler auf die Erdoberfläche, somit erwärmt sich diese stärker. In den nördlicheren Breiten treffen die Sonnenstrahlen flacher auf die Erdoberfläche, somit ist das Klima eher kälter.

Erarbeitung TLZ 3

Durch 2 Briefe von jeweils einem Brieffreund in Vardö und einem in Palermo, werden die Klimaeigenschaften dieser Gegenden erläutert.

Sicherung TLZ 3

Gesichert wird mit einem kleinen Lückentext im Anschluss an den Brief.

Gesamtsicherung

Der Lehrer legt eine Folie mit Ja/Nein-Fragen auf, um zu sehen, ob der Stoff der Unterrichtsstunde verstanden wurde.

Puffer

Das Klima in Norden und Süden Europas mit dem unsrigen vergleichen.. Buch S. 34/35 Aufg.: 1.

Hausaufgabe

Die AB's sind in das Heft einzukleben und der Hefteintrag ist zu lernen.

III. Durchführung

Vorher: Rechenschaftsablage.

Unterrichtsphasen	Geplanter Unterrichtsverlauf	Medien	Ergebnisse
Einstieg	L bringt Sommer- und Winterkleidung mit und wartet die Schülermeldungen ab. Wenn das gewünschte nicht kommt, hackt der L mit Fragen nach. Die mündet in die Frage, warum dies so ist.	Sommer- und Winterkleidung	Je nach dem wohin ich in Europa verreise, muss ich meinen Koffer anders packen.
Erarbeitung TLZ 1: Die Schüler kennen die Begriffe arid und humid und können diese in einem Klimadiagramm herauslesen.	Schüler bekommen ein AB ausgeteilt, auf dem sie die Frage 1 und 2 in EA mit Atlas und Buch bearbeiten sollen.	AB	Schüler kommen durch den Vergleich der Klimadiagramme darauf, dass es im Klimadiagramm von Palermo auch trockene Monate gibt.

Sicherung TLZ 1   Schüler lesen ihre Antworten vor.   Tafelbild

L übernimmt diese an die Tafel und erläutert noch mal kurz die Begriffe arid und humid.

Erarbeitung TLZ 2: Der L fordert die Schüler nun auf, die 3. Aufgabe zu bearbeiten.   AB

Die Schüler wissen, dass das Klima an einem Ort auch von der Breitenlage abhängig ist. Die Schüler kennen den Begriff Breitenlage.

Schüler erkennen, dass die Breitenlage und damit die Sonneneinstrahlung einen wichtigen Beitrag zum Klima liefert.

Sicherung/ TLZ 2   L. erstellt anhand der Schülerantworten auf die Frage 3 auf dem AB   Tafelbild
den Tafelanschrieb.

Erarbeitung TLZ 3: Die Schüler können die nördlichen und südlichen Klimazonen in Europa beschreiben.	L. teilt 2 Briefe aus. Die Türseite bekommt einen Brief aus Norwegen. Die Fensterseite einen aus Italien.	EA	Die Schüler können anhand des Briefes die Klimaeigenschaften im Norden bzw. im Süden Europas herausfinden.
Sicherung TLZ 3	Kontrolle der eingetragenen Lücken.	Folie	
Puffer	Das Klima in Norden und Süden Europas mit dem unsrigen vergleichen.	Buch: S. 34/35 Nr. 1	
Hausaufgabe	AB's einkleben und den Hefteintrag lernen.		

IV. Verzeichnis der Literatur

BACIGALUPO, S., et al (2008): Erdkunde 6. Braunschweig.

HARTL, Dr, M., et al (2002): Mensch und Raum 6. Berlin.

KESSLER, E. u. KRÄTZSCHMAR ,C. (1993): Schulpädagogisches Repetitorium.
Köln.

WEISCHET, W. (1977): Einführung in die allgemeine Klimatologie. Stuttgart.

V. Verzeichnis der Internetquellen

Lehrplan der sechsstufigen Realschule in Bayern.

Online im Internet:

http://www.isb.bayern.de/isb/download.aspx?DownloadFileID=bb3f4d9eaa362b8e61
2cefe5758bb61b

Gefunden am 13.11.2011 um 14:30

VI. Anhang – die Unterrichtsmaterialien

AB:

Bitte bearbeite zunächst die Aufgaben Nr. 1 und 2!

1. Suche bitte in Deinem Atlas Vardö und Palermo!

2. Vergleiche nun das Klimadiagramm auf Seite 31 von Vardö mit dem von Palermo.
   Was stellst Du hinsichtlich der Temperaturen und Niederschläge fest?

Vardö: ____

Palermo: ____

3. Welche geografische Breite haben Vardö und Palermo? In welchem Teil (Nord-, Ost-, Süd-, West- oder Mitteleuropa) Europas befinden sie sich?

Vardö: ____

Palermo: ____

Bitte bearbeite zunächst die Aufgaben Nr. 1 und 2!

1. Suche bitte in Deinem Atlas Vardö und Palermo!

2. Vergleiche nun das Klimadiagramm auf Seite 31 von Vardö mit dem von Palermo.
   Was stellst Du hinsichtlich der Temperaturen und Niederschläge fest?

Vardö: ____

Palermo: ____

3. Welche geografische Breite haben Vardö und Palermo? In welchem Teil
   (Nord-, Ost-, Süd-, West- oder Mitteleuropa) Europas befinden sie sich?

Vardö:

Palermo:

Die Briefe:

Palermo, den 21. August 2011

Ciao Michael,
in der letzten Woche war es mit über 40° C sehr heiß. Wenn jetzt keine Sommerferien wären, hätten wir bestimmt jeden Tag hitzefrei bekommen. Gerade in der Mittagszeit hält man es nur im Wasser aus. Sogar mein Papa muss mittags nicht arbeiten. Das nennt man bei uns Siesta.
Da es bei uns im Sommer nicht regnet, ist alles vertrocknet. Wegen der großen Trockenheit wird sogar zu bestimmten Tageszeiten das Wasser abgestellt.

...
Arrivederci!
Dein Roberto

Arbeitsaufträge:

1. Bitte lies den Brief durch!
2. Unterstreiche wichtige Aussagen bezüglich des Klimas!
3. Wie kann man das Klima beschreiben? - Vervollständige die Lücken!

Im Süden Europas sind die Sommer ___________________________.

Die Winter jedoch ___________________________.

Diese Lücken füllen später zusammen aus.

Im Norden Europas sind die Sommer ___________________________.

Die Winter jedoch ___________________________.

(nach einer Idee aus: BACIGALUPO S., 2008: S. 38)

Vardö, den 21. August 2011

Hej Maria,
bei uns sind jetzt auch Sommerferien. Manchmal vergesse ich am Abend ins Bett zu gehen, da es nur für ein paar Stunden finster wird. Wir genießen es sehr, dass es mittags auch mal 20° C warm wird. Gestern sind wir beim Mittagessen sogar draußen gesessen. Nur ist der Sommer bei uns immer zu kurz. Ehe man sich versieht, wird es auch schon wieder kälter. Ich mag den Winter nicht besonders. Er ist recht lang und es kann auch schon mal –40° C kalt werden.
Außerdem wird es im Winter fast nicht richtig hell. In der Mittagszeit ist es nur so hell, wie bei Euch zu Dämmerung.
...
Adjö!
Deine Fredericke

Arbeitsaufträge:

1. Bitte lies den Brief durch!
2. Unterstreiche wichtige Aussagen bezüglich des Klimas!
3. Wie kann man das Klima beschreiben? - Vervollständige die Lücken!

Im Norden Europas sind die Sommer ________________________.

Die Winter jedoch ________________________________.

Diese Lücken füllen später zusammen aus.

Im Süden Europas sind die Sommer ____________________.

Die Winter jedoch ________________________________.

(nach einer Idee aus: BACIGALUPO S., 2008: S. 39)

Tafelbildentwurf:

(hochkant)	**Die Breitenlage**	15.11.2011

Liegt die Temperaturkurve oberhalb der Niederschlagssäulen (z. B. in den Sommermonaten in Palermo), dann spricht man vom trockenen (ariden) Monaten, da mehr Wasser verdunstet, als Niederschlag fällt.

Liegt die Temperaturkurve jedoch unterhalb der Niederschlagsbalken (z. B. Vardö) so spricht man von feuchten (humiden) Monaten.

Die Temperatur hängt von der Sonneneinstrahlung ab. Je nördlicher ein Ort liegt, desto schräger fallen die Sonnenstahlen auf die Erde. ➜ dadurch erhält der Boden weniger Wärme und es ist deshalb kälter.

Je näher der Ort am Äquator liegt, desto wärmer ist es dort, weil die Sonnenstahlen dort steiler auf die Erde fallen.

Gesamtsicherung:

Entscheide, ob folgende Aussagen wahr oder falsch sind.
Die Falschen bitte verbessern!

Aussage: Wahr   Falsch   Begründung:

Aride Monate, sind
Monate in denen die
Temperaturkurve
oberhalb der
Niederschlagsbalken
liegt.

Das deutsche Wort
für arid ist feucht.

Je nördlicher die
Breitenlage eines
Ortes ist, desto
wärmer ist es dort.

Das Klima in
Nordeuropa kann als
trocken und warm
beschrieben werden.